国家出版基金项目
NATIONAL PUBLICATION FOUNDATION

英国国家附件

Eurocode 3：钢结构设计

第1-1部分：一般规定和房屋建筑规定

NA +A1:2014 to BS EN 1993-1-1:2005+A1:2014

[英] 英国标准化协会（BSI）

欧洲结构设计标准译审委员会 **组织翻译**

魏 亮 龚志达 **译**

姜德成 陈志学 **一审**

李志明 **二审**

人民交通出版社股份有限公司

北 京

图书在版编目(CIP)数据

英国国家附件 Eurocode 3:钢结构设计. 第1-1部分:一般规定和房屋建筑规定 NA + A1:2014 to BS EN 1993-1-1:2005 + A1:2014 / 英国标准化协会(BSI)组织编写 ; 魏亮,龚志达译. — 北京 : 人民交通出版社股份有限公司,2019.11

ISBN 978-7-114-15903-9

Ⅰ.①英… Ⅱ.①英… ②魏… ③龚… Ⅲ.①钢结构—结构设计—建筑规范—英国 Ⅳ.①TU391.04

中国版本图书馆CIP数据核字(2019)第238822号

著作权合同登记号:图字01-2019-6177

Yingguo Guojia Fujian Eurocode 3:Gang Jiegou Sheji Di 1-1 Bufen:Yiban Guiding he Fangwu Jianzhu Guiding

书　　名:英国国家附件　Eurocode 3:钢结构设计　第1-1部分:一般规定和房屋建筑规定
NA + A1:2014 to BS EN 1993-1-1:2005 + A1:2014

著 作 者:英国标准化协会(BSI)
译　　者:魏　亮　龚志达
责任编辑:李　晴　钱　堃　王景景
责任校对:刘　芹
责任印制:刘高彤
出版发行:人民交通出版社股份有限公司
地　　址:(100011)北京市朝阳区安定门外外馆斜街3号
网　　址:http://www.ccpress.com.cn
销售电话:(010)59757973
总 经 销:人民交通出版社股份有限公司发行部
经　　销:各地新华书店
印　　刷:三河市国新印装有限公司
开　　本:880×1230　1/16
印　　张:1.5
字　　数:23千
版　　次:2019年11月　第1版
印　　次:2019年11月　第1次印刷
书　　号:ISBN 978-7-114-15903-9
定　　价:30.00元

(有印刷、装订质量问题的图书,由本公司负责调换)

出 版 说 明

包括本标准在内的欧洲结构设计标准(Eurocodes)及其英国附件、法国附件和配套设计指南的中文版,是2018年国家出版基金项目“欧洲结构设计标准翻译与比较研究出版工程(一期)”的成果。

在对欧洲结构设计标准及其相关文本组织翻译出版过程中,考虑到标准的特殊性、用户基础和应用程度,我们在力求翻译准确性的基础上,还遵循了一致性和有限性原则。在此,特就有关事项作如下说明:

1. 本标准中文版根据英国标准化协会(BSI)提供的英文版进行翻译,仅供参考之用,如有异议,请以原版为准。

2. 中文版的排版规则原则上遵照外文原版。

3. Eurocode(s)是个组合再造词。本标准及相关标准范围内,Eurocodes特指一系列共10部欧洲标准(EN 1990 ~ EN 1999),旨在为房屋建筑和构筑物及建筑产品的设计提供通用方法;Eurocode与某一数字连用时,特指EN 1990 ~ EN 1999中的某一部,例如,Eurocode 8指EN 1998结构抗震设计。经专家组研究,确定Eurocode(s)宜翻译为“欧洲结构设计标准”,但为了表意明确并兼顾专业技术人员用语习惯,在正文翻译中保留Eurocode(s)不译。

4. 书中所有的插图、表格、公式的编排以及与正文的对应关系等与外文原版保持一致。

5. 书中所有的条款序号、括号、函数符号、单位等用法,如无明显错误,与外文原版保持一致。

6. 在不影响阅读的情况下书中涉及的插图均使用英文原版插图,仅对图中文字进行必要的翻译和处理;对部分影响使用的英文原版插图进行重绘。

7. 书中涉及的人名、地名、组织机构名称以及参考文献等均保留外文原文。

特别致谢

本标准的译审由以下单位和人员完成。北京世纪旗云软件技术有限公司的魏亮、深圳市坪山区政府投资项目前期工作管理办公室的龚志达承担了主译工作,中国天辰工程有限公司的姜德成和陈志学、中冶建筑研究总院有限公司的李志明承担了主审工作。他(她)们分别为本标准的翻译工作付出了大量精力。在此谨向上述单位和人员表示感谢!

欧洲结构设计标准译审委员会

欧洲结构设计标准译审委员会总体组

组　　　长：余顺新（中交第二公路勘察设计研究院有限公司）
成　　　员：（按姓氏笔画排序）
王敬烨（中国铁建国际集团有限公司）
车　轶（大连理工大学）
卢树盛[长江岩土工程总公司（武汉）]
吕大刚（哈尔滨工业大学）
任青阳（重庆交通大学）
刘　宁（中交第一公路勘察设计研究院有限公司）
宋　婕（中国建筑标准设计研究院）
李　顺（天津水泥工业设计研究院有限公司）
李亚东（西南交通大学）
李志明（中冶建筑研究总院有限公司）
李雪峰[上海市城市建设设计研究总院（集团）有限公司]
张　寒（中国建筑科学研究院有限公司）
张春华（中交第二公路勘察设计研究院有限公司）
狄　谨（重庆大学）
胡大琳（长安大学）
姚海冬（中国路桥工程有限责任公司）
徐晓明（航天建筑设计研究院有限公司）
郭　伟（中国建筑标准设计研究院）
郭余庆（中国天辰工程有限公司）
黄　侨（东南大学）
谢亚宁（中设设计集团股份有限公司）
秘　　　书：李　喆（人民交通出版社股份有限公司）
卢俊丽（人民交通出版社股份有限公司）

国家附件

NA+A1:2014
to BS EN
1993-1-1:2005
+A1:2014

英国国家附件

Eurocode 3：
钢结构设计

第1-1部分：一般规定和房屋建筑规定

ICS 91.080.10

BSi
British Standards

出版和版权信息

英国标准化协会标准有限公司 2015 年出版

ISBN 978 0 580 86667 8

ICS 91.080.10

与本英国国家附件工作有关的 BSI 参考文件如下:
委员会参考文件 CB/203
征求意见稿 15/30301400 DC

版次

2008 年 12 月　第 1 版

自发布后提出的修订

日期	受影响文本
2015 年 6 月 30 日	国家修正案 A1:2014,详见引言

目　次

引言 …… 1

NA.1　范围 …… 1

NA.2　国家定义参数 …… 2

NA.3　关于使用资料性附录的决定 …… 9

NA.4　非矛盾性补充信息的参考文献 …… 9

参考文献 …… 10

国家附件(资料性) BS EN 1993-1-1:2005
Eurocode 3:钢结构设计
第 1-1 部分:一般规定和房屋建筑规定

引言

本国家附件由英国标准化协会(BSI)负责钢结构设计和施工的分委员会 CB/203 编制,在英国需与 BS EN 1993-1-1:2005 + A1:2014 配合使用。

NA + A1:2014 to BS EN 1993-1-1:2005 + A1:2014 替代废止的 NA to EN 1993-1-1:2005。

本附件第一次修订的文字起末用标签[A1〉〈A1]标识。微小的编辑修改未做标记。

NA.1 范围

本国家附件包括的内容如下:

a)英国确定的国家定义参数,列在 BS EN 1993-1-1:2005 + A1:2014 的下列条款中:

- 2.3.1(1)
- 3.1(2)
- 3.2.1(1)
- 3.2.2(1)
- 3.2.3(1)
- 3.2.3(3)B
- 3.2.4(1)B
- 5.2.1(3)
- 5.2.2(8)
- 5.3.2(3)
- 5.3.2(11)
- 5.3.4(3)
- 6.1(1)
- 6.1(1)B
- 6.3.2.2(2)
- 6.3.2.3(1)
- 6.3.2.3(2)
- 6.3.2.4(1)B
- 6.3.2.4(2)B
- 6.3.3(5)
- 6.3.4(1)
- 7.2.1(1)B
- 7.2.2(1)B
- 7.2.3(1)B
- BB.1.3(3)B
- [A1〉C.2.2(3)
- C.2.2(4)〈A1]

b)英国关于使用 BS EN 1993-1-1:2005 + A1:2014 资料性附录的决定;

c)非矛盾性补充信息的参考文献。

NA.2 国家定义参数

NA.2.1 一般规定

BS EN 1993-1-1:2005 + A1:2014 中确定的国家定义参数由 NA.2.2 ~ NA.2.27 给出。

NA.2.2 作用与环境影响

[BS EN 1993-1-1:2005 + A1:2014, 2.3.1(1)]

无需考虑附加的地区、气候或意外状况。

NA.2.3 其他钢材和产品

[BS EN 1993-1-1:2005 + A1:2014, 3.1(2)]

如果采用其他钢材,应考虑包含延性和可焊性等性能的差异。关于钢材延性要求的更多信息,见 BS EN 1993-1-1:2005 + A1:2014, 3.2.2(1)。

铸钢件和锻钢件可能被用于支座、连接件和其他类似部分的部件。铸钢件应遵循 BS EN 10293 的规定,锻钢件应遵循 BS EN 10250-2 的规定。关于铸钢件的更多指南,见参考文献[1]。

关于更高强度的钢材,见 BS EN 1993-1-12。

NA.2.4 材料特性

[BS EN 1993-1-1:2005 + A1:2014, 3.2.1(1)]

结构用钢材的屈服强度 f_y 和极限强度 f_u 的名义值应采用产品标准中的名义值。f_u 应取产品标准中给出的 R_m 取值范围内的最低值。NA.4 中给出了关于结构用钢的屈服强度和极限强度的更多信息。

NA.2.5 延性要求

[BS EN 1993-1-1:2005 + A1:2014, 3.2.2(1)]

a)弹性整体分析

f_u/f_y 的限值、断后伸长率和极限应变 ε_u 的限值如下:

$f_u/f_y \geqslant 1.10$;

断后伸长率不低于 15%;

$\varepsilon_u \geqslant 15\varepsilon_y$。

b)塑性整体分析

在桥梁结构中不应采用塑性整体分析。当在建筑中采用塑性整体分析时,f_u/f_y 的限值、断后伸长率和极限应变 ε_u 的限值如下:

$f_u/f_y \geqslant 1.15$;

断后伸长率不低于 20%;

$\varepsilon_u \geqslant 20\varepsilon_y$。

NA.2.6 断裂韧性

[BS EN 1993-1-1:2005 + A1:2014, 3.2.3(1)]

对于建筑和其他承受准静力荷载的结构,钢结构的最低工作温度应采用最低气温,室内可采用 -5℃,室外可采用 -15℃。

对于钢桥,最低工作温度应根据 BS EN 1991-1-5 国家附件中关于桥梁所在地区的规定确定。对于易于疲劳的结构,应采用针对桥梁的要求。

在其他情况(如冷库中的钢结构)下,钢结构的最低工作温度应采用结构设计使用年限中可能出现的最低气温。

NA.2.7 受压构件的断裂韧性

[BS EN 1993-1-1:2005 + A1:2014, 3.2.3(3)B]

应采用 BS EN 1993-1-10 国家附件中的推荐值。

NA.2.8 沿厚度方向的性能

[BS EN 1993-1-1:2005 + A1:2014, 3.2.4(1)B]

应采用 BS EN 1993-1-10 国家附件中的推荐值。

NA.2.9 结构几何变形的效应

[BS EN 1993-1-1:2005 + A1:2014, 5.2.1(3)]

对于围护结构的塑性分析,若未考虑砌体填充墙的加劲效应或压型楼承板的横隔板效应,则:

$$\alpha_{cr} \geqslant 10$$

对于承受重力荷载、仅考虑有框架缺陷的门式刚架的塑性分析：

$$\alpha_{cr} \geqslant 5$$

前提是满足以下条件：

a)跨度 L 不超过柱子平均高度的 5 倍；

b)h_r满足以下要求：

$(h_r/s_a)^2 + (h_r/s_b)^2 \leqslant 0.5$

其中，s_a 和 s_b 是从屋脊到柱子的水平距离。

注：对于对称框架，上述表达式可简化为 $h_r \leqslant 0.25L$。

NA.2.10　框架的结构稳定性

[BS EN 1993-1-1:2005 + A1:2014, 5.2.2(8)]

该方法仅适用于满足 5.2.2(6)要求的框架。在此种情况下，除非有分析证明采用较小值是合适的，否则，梁和梁柱节点处的侧移弯矩应乘以 k_r。假定 $\alpha_{cr} \geqslant 3.0$，则 k_r 用下式求得：

$$k_r = \frac{1}{1 - \frac{1}{\alpha_{cr}}}$$

NA.2.11　初始局部弯曲缺陷的设计值

[BS EN 1993-1-1:2005 + A1:2014, 5.3.2(3)]

对于截面的弹性分析，单个截面绕特定轴的初始缺陷，应用弹性截面模量从 BS EN 1993-1-1:2005 + A1:2014 的 6.3 中给出的屈曲曲线反算。

对于截面的塑性分析，单个截面绕特定轴的初始缺陷，应用全塑性截面模量从 BS EN 1993-1-1:2005 + A1:2014 的 6.3 中给出的屈曲曲线反算。

NA.2.12　缺陷放大

[BS EN 1993-1-1:2005 + A1:2014, 5.3.2(11)]

BS EN 1993-1-1:2005 + A1:2014 的 5.3.2(11)中给出的方法不得应用于建筑。

NA.2.13　受弯时侧扭屈曲的缺陷

[BS EN 1993-1-1:2005 + A1:2014, 5.3.4(3)]

k 值应取 1.0。

NA.2.14 BS EN 1993 第 2 部分～第 6 部分中未涵盖的结构的分项系数 [BS EN 1993-1-1:2005 + A1:2014, 6.1(1)]

对于 BS EN 1993 第 2 部分～第 6 部分中未涵盖的结构，其分项系数应适用于结构，并需要用户同意。

NA.2.15 用于建筑的分项系数 [BS EN 1993-1-1:2005 + A1:2014, 6.1(1)]

对于建筑物，应采用以下分项系数：

$$\gamma_{M0} = 1.00$$

$$\gamma_{M1} = 1.00$$

$$\gamma_{M2} = 1.10$$

NA.2.16 侧扭屈曲的缺陷系数 [BS EN 1993-1-1:2005 + A1:2014, 6.3.2.2(2)]

应采用 BS EN 1993-1-1:2005 + A1:2014 表 6.3 和表 6.4 中的推荐值。

NA.2.17 轧制截面或等效焊接截面的侧扭屈曲 [BS EN 1993-1-1:2005 + A1:2014, 6.3.2.3(1)]

对于建筑和桥梁，$\lambda_{LT,0}$ 和 β 应取值如下：

a) 对轧制截面和热成型或冷成型中空截面：

$$\lambda_{LT,0} = 0.4$$

$$\beta = 0.75$$

b) 对于焊接截面：

$$\lambda_{LT,0} = 0.2$$

$$\beta = 1.00$$

应用表 NA.1 替代 BS EN 1993-1-1:2005 + A1:2014 的表 6.5。

[A1⟩ 表 NA.1 横截面屈曲曲线的选用 ⟨A1]

横 截 面	限 值	屈曲曲线
热轧双轴对称工字形、H 形截面和热成型中空截面	$h/b \leq 2$	b
	$2.0 < h/b \leq 3.1$	c
	$h/b > 3.1$	d
角钢（弯矩作用在主轴平面）		d

A1 表 NA.1(续) A1

横截面	限值	屈曲曲线
所有其他热轧截面		d
焊接双轴对称截面和冷成型中空截面	$h/b \leq 2$	c
	$2.0 \leq h/b < 3.1$	d

NA.2.18 修正系数 f

[BS EN 1993-1-1:2005 + A1:2014, 6.3.2.3(2)]

应采用 f 的推荐表达式,其中 k_c 按下式计算:

$$k_c = \frac{1}{\sqrt{C_1}}$$

式中:C_1——$C_1 = \frac{\text{实际弯矩图的 } M_{cr}}{\text{均布弯矩图的 } M_{cr}}$,$C_1$ 值在 NA.4 的参考文献中给出。

NA.2.19 长细比限值 λ_{c0}

[BS EN 1993-1-1:2005 + A1:2014, 6.3.2.4(1)B]

对于在建筑中采用的工字形、H 形、槽形和箱形截面,λ_{c0}应取 0.4。

NA.2.20 修正系数 k_{fl}

[BS EN 1993-1-1:2005 + A1:2014, 6.3.2.4(2)B]

修正系数 k_{fl}应取:

对于热轧工字形截面,$k_{fl} = 1.0$;

对于 $h/b \leq 2$ 的焊接工字形截面,$k_{fl} = 1.0$;

其他截面,$k_{fl} = 0.9$。

NA.2.21 相互作用系数 k_{yy},k_{yz},k_{zy}和 k_{zz}

[BS EN 1993-1-1:2005 + A1:2014, 6.3.3(5)]

双轴对称截面的相互作用系数 k_{yy}、k_{yz}、k_{zy}、k_{zz}可由备选方法 1(BS EN 1993-1-1:2005 + A1:2014 附录 A)或备选方法 2(BS EN 1993-1-1:2005 + A1:2014 附录 B)得出。根据 NA.3.2 修正时,备选方法 2(BS EN 1993-1-1:2005 + A1:2014 附录 B)可用于非双轴对称的截面。

NA.2.22 用于结构部件侧向屈曲和侧扭屈曲的一般方法

[BS EN 1993-1-1:2005 + A1:2014, 6.3.4(1)]

此方法仅适用于在平面内单轴受弯和/或受压的笔直结构部件。

在此方法中,χ_{op}应取χ 和χ_{LT}中的较小值,其中χ 由 BS EN 1993-1-1:2005 + A1:2014 中6.3.1 的侧向屈曲确定,χ_{LT}由 BS EN 1993-1-1:2005 + A1:2014 中6.3.2 的侧扭屈曲确定。

NA.2.23 竖向变位

[BS EN 1993-1-1:2005 + A1:2014, 7.2.1(1)B]

表 NA.2 给出了由可变荷载(不应包含永久荷载)组成的标准荷载组合下特定杆件的竖向变位的推荐限值。可能出现使用更大或更小的限值更恰当的情况。其他杆件也需要用到变位限值。

在坡度较小的屋顶和平屋顶上,应考虑积水的可能性。

[A1>表 NA.2 竖向变位的推荐限值<A1]

悬臂构件	长度/180
有抹灰或其他易碎饰面的梁	跨度/360
其他梁(不包含檩条和压型钢板的墙梁)	跨度/200
檩条和压型钢板的墙梁	要适合特定围护墙板的特性

NA.2.24 水平变位

[BS EN 1993-1-1:2005 + A1:2014, 7.2.2(1)B]

表 NA.3 给出了由可变荷载组成的标准荷载组合下特定杆件的水平变位的推荐限值。可能出现使用更大或更小的限值更恰当的情况。其他杆件也需要用到变位限值。

[A1>表 NA.3 水平变位的推荐限值<A1]

除门式刚架外,单层建筑的柱顶	高度/300
不支承吊车梁的门式刚架柱	要适合特定围护墙板的特性
多层建筑中的每一层	层高/300

NA.2.25 动力效应

[BS EN 1993-1-1:2005 + A1:2014, 7.2.3(1)B]

应参考合适的专业文献。关于楼盖振动,见 NA.4。

NA.2.26 格构式梁中的中空截面的屈曲长度

[BS EN 1993-1-1:2005 + A1:2014, BB.1.3(3)B]

可采用 NA.4 中的推荐值,更多信息见 NA.4。

A1〉 NA.2.27 施工等级的选择

[BS EN 1993-1-1:2005 + A1:2014, C.2.2(3)和 C.2.2(4)]

NA.2.27.1 概述

不应采用 BS EN 1993-1-1:2005 + A1:2014 表 C.1 的规定。

NA.2.27.2 给出了可靠性等级和重要性等级的选择。

NA.2.27.3 给出了施工等级(EXC)的选择。

NA.2.27.2 可靠性等级和重要性等级的选择

在可靠性等级(RC)或重要性等级(CC)方面,若规定了 BS EN 1993 特定部分中设计条款的应用,则应使用这些等级。

否则,应假定 BS EN 1993 中的设计条款对于符合 BS EN 1990 中定义的 RC2 和 CC2 及以下等级是安全的。〈A1

A1〉 NA.2.27.3 施工等级的选择

施工等级的选择应考虑 BS EN 1993 的相关条文和适用于其他结构设计的 Eurocodes。

施工等级的选择见表 NA.4。

表 NA.4 施工等级的适用范围和条件

<table>
<tr><td colspan="2">BS EN 1993 中适用于结构设计(1)的部分</td><td>除 BS EN 1993-1-9 或 BS EN 1993-1-2 的其他所有相关部分</td><td colspan="2">BS EN 1993-1-9 和/或 BS EN 1993-1-2</td></tr>
<tr><td rowspan="2">其他适用于结构设计(1)的 Eurocodes (除 BS EN 1990 和 BS EN 1991)</td><td>要求的</td><td>—</td><td>—</td><td>BS EN 1998</td></tr>
<tr><td>可选的</td><td>BS EN 1994</td><td>BS EN 1994</td><td>BS EN 1994</td></tr>
<tr><td rowspan="2">施工等级</td><td>RC1、CC1、RC2、CC2</td><td>至少为 EXC2</td><td>通常为 EXC3</td><td>通常为 EXC3</td></tr>
<tr><td>RC3、CC3</td><td>EXC3</td><td>至少为 EXC3</td><td>至少为 EXC3</td></tr>
<tr><td colspan="5">注:(1) 或结构的一个明确的、可识别的区域。</td></tr>
</table>

注 1: 为保证与 BS EN 1993 中的承载力设计值完全一致,可能需要提高 BS EN 1090-2 中与某些施工等级相关的技术要求。PD 6705-2 给出了按 BS EN 1993-2 的设计指南。受材料和施工过程的限制,PD 6705-2 也可为表 NA.4 所述的其他设计提供指导。若设计采用了 BS EN 1998,则量化的疲劳强度类别 F71、F90 和 F112 可被认为与屈服/耗能构(部)件的 DCL、DCM 和 DCH 的延性水平相对应。

EXC1 的适用范围没有给出指导性建议。在 BS EN 1993-1-1:2005 + A1:2014 的 C.2.2(4)的注中给出的 EXC1 的适用范围并不适用于一般用途。

注 2:一般来说,EXC1 的应用为达到 BS EN 1993 中的承载力设计值提供了低水平的保证。若指定者未作考虑,全部或部分特意指定应用 EXC1,则会导致结构失效的概率高于英国大多数结构正常接受的概率水平。〈A1〉

NA.3 关于使用资料性附录的决定

NA.3.1 BS EN 1993-1-1:2005 + A1:2014,附录 A

可采用 BS EN 1993-1-1:2005 + A1:2014 的附录 A。附录 A 给出的方法 1 的适用范围应限制为双轴对称截面。

NA.3.2 BS EN 1993-1-1:2005 + A1:2014,附录 B

可采用 BS EN 1993-1-1:2005 + A1:2014 的附录 B。

当截面是非双轴对称截面时,$\overline{\lambda}_z$ 和χ_z 应根据 BS EN 1993-1-1 中 6.3.1.3 的 $\overline{\lambda}$ 或 BS EN 1993-1-1 中 6.3.1.4 的 $\overline{\lambda}_T$ 的较大值取值。

当截面不是工字形、H 形或中空截面时,1 类和 2 类截面应按 3 类截面设计。

NA.3.3 BS EN 1993-1-1:2005 + A1:2014, 附录 AB

可采用 BS EN 1993-1-1:2005 + A1:2014 的附录 AB。

NA.3.4 BS EN 1993-1-1:2005 + A1:2014 的附录 BB

可采用 BS EN 1993-1-1:2005 + A1:2014 的附录 BB。

NA.4 非矛盾性补充信息的参考文献

本国家附件中引用的非矛盾性补充信息的参考文献可在 www.steel-ncci.co.uk 找到。虽然这些文献资料具有技术权威性,但并非所有资料都经过了英国国家委员会的审查,使用者应根据自身要求确定其适用性。使用者应特别注意,未经委员会认可的文献资料有可能包含跟 Eurocodes 相冲突的内容。

参 考 文 献

标准出版物

对于有日期标注的参考文献,仅引用的版本适用。对于无日期标注的参考文献,其最新版本(包括修订版)适用。

A1 BS EN 1090-2, *Execution of steel structures and aluminium structures-Part 2: Technical requirements for the execution of steel structures.*

BS EN 1990, *Eurocode-Basis of structural design.*

BS EN 1991, *Eurocode 1: Actions on structures.* A1

NA to BS EN 1991-1-5, *UK National Annex to Eurocode 3: Design of steel structures-Part 1-5: Plated structural elements.*

BS EN 1993 (Parts 2 to 6), *Eurocode 3-Design of steel structures.*

A1 BS EN 1993-1-9, *Eurocode 3: Design of steel structures-Part 1-9: Fatigue.* A1

NA to BS EN 1993-1-10, *UK National Annex to Eurocode 3: Design of steel structures-Part 1-10: Material toughness and through-thickness properties.*

BS EN 1993-1-12, *Eurocode 3: Design of steel structures-Part 1-12: Supplementary rules for high strength steels.*

A1 BS EN 1994, *Eurocode 4: Design of composite steel and concrete structures.*

BS EN 1998, Eurocode 8: *Design of structures for earthquake resistance.* A1

BS EN 10025-2:2004, *Hot rolled products of structural steels-Part 2: Technical delivery conditions for non-alloy structural steels.*

BS EN 10250-2, *Open steel die forgings for general engineering purposes-Part* 2 : *Non-alloy quality and special steels.*

BS EN 10293 , *Steel castings for general engineering uses.*

[A1> PD 6705-2. Published Document. Structural use of steel and aluminium. Part 2 : Recommendations for the execution of steel bridges to BS EN 1090-2. <A1]

其他出版物

[1] Castings in steel construction, SCI publication P 172, The Steel Construction Institute, Silwood Park, Ascot, Berkshire SL5 7QN.